U0256671

神奇的家大探秘

我们的家

〔意〕阿涅塞·巴鲁齐　著、绘
惠伊宁　译

深圳出版社

目录

冰屋

生活在北极冰冷地区的因纽特人曾经住在冰屋中。冰屋是用雪块搭建而成的。在搭建冰屋的时候，要先用刀将雪块切开，再一块块堆砌起来。冰屋的入口处是一条地道，进冰屋的时候需要跪着爬进去。入口处另一边的地面要比地道高一些：这样，上升的热空气就可以留在冰屋里，而冷空气从低处流走，冰屋内就不会很冷。

以前，因纽特人是游牧民族，他们经常搬家并建造新的冰屋。然而，如今许多村庄都固定下来了：在这些村庄里，因纽特人住在用木头和钢板搭建的房子里。他们以雪橇作为出行工具。

在冰屋顶部最高点略低些的地方有一个通风口。
冰屋里面有暖和柔软的动物皮毛，因纽特人把这些皮毛用作睡袋。
石灯是冰屋的取暖和照明工具：这是一种容器，里面燃烧着动物脂肪。这种容器也被用于烹饪。

沙特阿拉伯花园民居

沙特阿拉伯的传统房屋是围绕内部的庭院建造的：院子中间有一个喷泉，这个喷泉不仅能装饰空间，而且水的流动也使空气更加凉爽。屋子的外窗都很小，一方面是为了避免太多的热空气进入屋子，另一方面也是为了保护隐私，而那些面向花园的内窗又大又明亮。

庭院里有棕榈树和柠檬树：它们可以遮阴和清新空气。

花园民居的屋顶是一个大露台，晚上，人们会在这里相聚。

人们相聚在花园喝薄荷茶，这种茶就算在夏天也很清凉。

空间站

宇航员的太空任务一般会持续数月，在执行任务的这段时间里，空间站是他们真正的家：除了航行和工作，宇航员还要在空间站吃饭、上卫生间、睡觉。宇航员还需要保持空间站的干净，每周要用吸尘器打扫一遍空间站。空间站里重力很小，因此，宇航员不是躺在床上睡觉，而是在垂直的太空舱里睡觉。

宇航员在一个像卫生间一样的角落洗漱，但是这个角落没有水槽。他们刷牙的时候，必须得咽下牙膏和刷牙水。

宇航员吃的食物会装在袋子里：有些食物是涂有奶油的烙饼。有时，这些烙饼也被当作菜来吃。

蒙古包

蒙古族牧民每年都要搬几次家，他们住在帐篷里，也就是便于搭建和拆卸的蒙古包里。如果要搬运蒙古包，只要将它拆卸后由动物驮着它就行。蒙古包里摆放着一些装饰精美的大箱子。白天，人们把这些箱子用作椅子，晚上则当床用。蒙古包中间有一个用来取暖的火炉：炉中的烟从一个小孔冒出，这个小孔可闭可开。

蒙古族人养殖牦牛：他们经常骑着摩托车把牦牛赶到牧场放牧。

蒙古族牧民用马奶制成了一种名叫马奶酒的特色饮品。

大草原上经常狂风肆虐，树木难以生长。蒙古包的建造结构可以抵挡住恶劣天气。

丛林小屋

直到今天，仍有大约400个部落生活在亚马孙丛林中。一些部落和大城市没有联系；一些部落与大城市还有接触，但是部落中的人大多数时间还是生活在丛林中。在这里，他们用天然的材料搭建小屋：屋顶用茅草和树叶做成，用树干来支撑。一些房子没有墙，人们可以看到屋里的样子！小屋里面有悬挂的吊床：人们在吊床上睡觉，这种吊床非常舒服。

棕榈树上有一些毛虫，当地人会吃毛虫：人们把这当作一种乐趣！

妇女们会种植玉米、木薯和水果，男人们则出去打猎。

当地人对鱼的消耗很大，
熏制过的鱼能存放很长时间。
当地人划着独木舟行驶于河面：
相比于在深不可测的丛林中跋涉，漂
浮在河上的独木舟更快更安全。

韩屋

韩国的传统民居被称为韩屋。它是用石头、红色黏土和木头这些自然材料建造而成的，非常环保。夏天的时候，一些墙可以被吊起来挂在天花板上，这样空气可以更好地流通。一些韩屋建造于几个世纪前，得益于精心的维护，至今仍完好无损。

韩屋的窗户不是用玻璃做的，而是用纸糊起来的，这种纸被称为韩纸，坏掉的韩纸会被换掉。因此，空气可以更好地流通，即使在冬天，韩屋也可以保持通风。

韩屋里面有一套特别的地热系统，被称为暖炕。多亏了一个烧木头的炉子，整个房子都很暖和。人们在地板上吃饭、睡觉，也做一些其他事情。在房子入口处人们需要脱掉鞋子。

韩屋有“I”形、“L”形，还有一些韩屋是正方形的，中间有一个非常漂亮的东方式的花园。

摩天大楼

摩天大楼像是一个直插云霄的巨人，有100头大象那么高！住在摩天大楼的高层可以欣赏到非常美丽的景色，远离城市的喧嚣，非常安静……但是摩天大楼也很昂贵。在摩天大楼里，电梯是必不可少的，因为一栋大楼可能有90层楼高！一些摩天大楼里还建有餐厅和游泳池。

摩天大楼的中心是一个刚性结构，使其能够抵抗风和地震。这里还有楼梯和电梯。
摩天大楼的窗户宽敞明亮，可以让人们更好地欣赏风景。
有专业的公司负责清洁摩天大楼的窗户，专业工作人员带着他们的装备可以攀爬到最高层。

圆锥形帐篷

许多美洲印第安人生活在一种圆锥形帐篷里，这种帐篷由木杆和水牛皮搭建而成。帐篷很高，人们可以站在里面。帐篷顶部有一个可以开合的小孔，炊烟从小孔冒出。帐篷里面，人们睡在铺着冷杉木树叶的地上。

用来搭建圆锥形帐篷的木杆也被用来做旧式雪橇，当印第安人搬往新营地时，他们会用旧式雪橇来拉所有的东西。

圆锥形帐篷便于搭建和拆卸，这非常适合部落人的生活方式，他们为了追随野牛的迁徙而经常搬家。

圆锥形帐篷的帐篷面是一层水牛皮，水牛皮被木钉固定着，可以挡风，也可以遮挡雨、雪。

圆锥形帐篷里面有许多五颜六色的袋子，这是一种皮革制品。印第安人搬家时，这些袋子会给他们带来很多方便。

灯塔

过去，航海员可以根据灯塔上的光发现港口和危险的礁石。古时候，灯塔的守塔人有一个任务，他们得手动点燃灯塔上的灯笼，借助梯子将燃料罐运上去，顺便还要检查一下是否有火灾。除此之外，必要时，守塔人得向遇到困难的船只实施营救。如今，一些守塔人仍住在灯塔旁边的小房子里。

海上出现风暴的时候真的很危险：灯塔可能会被巨大而可怕的海浪击中。尽管门窗紧闭，守塔人的房子也可能会被淹没。

随着时间的推移，一些现代系统，例如GPS和雷达，替代了灯塔，但灯塔仍有很多。对于航海员来说，有时候会接收不到GPS信号或者雷达出现某些故障，这时灯塔就是一个重要的信号。

守塔人习惯了孤独的生活：他们经常住在远离城镇的偏僻之地。

印度尼西亚通科南房屋

托拉雅部落生活在印度尼西亚的高原上，而通科南是托拉雅人的传统房屋。相传，托拉雅人的祖先从北方乘船而来，但是一场暴风雨严重毁坏了他们的船只。于是，他们决定将这些船只改造成新房屋的屋顶。这种房屋建在六根柱子上，而且装修得富丽堂皇，只有富裕的家庭才能负担得起。

支撑房屋的柱子附近还有一些空间，这里通常被人们用作饲养家禽的禽舍。

屋顶由竹子做成，屋顶上经常会长出苔藓和一些其他植物。外墙装饰着红色、黄色和黑色颜料绘成的精美图案。

房屋里面昏暗空旷。里面一共分为3层：人们在上层睡觉，在中层吃饭，而下层是留给房屋主人的。

托拉雅人对去世的人怀有特别的敬意。他们十分看重葬礼，愿意在葬礼上投入大量的时间和金钱。房屋上的水牛角数量代表了一个家庭举行过的葬礼次数。

潜水艇

潜航任务可以长达3个月之久，对于船员来说，在深海里运转的潜水艇成了他们真正的家。水下看不到阳光，因此人们无法根据日夜来区分时间，而是采用6小时的轮班制：工作6小时，休息6小时（这段时间船员也可以做一些锻炼），还有6小时睡眠时间。这样，一组船员睡觉的时候，另一组船员工作，然后进行轮换。

每艘潜水艇都有两个水箱，可以通过排水或加水来控制潜水艇的上浮或下沉。一些潜水艇上有净化设备，能够将海水净化成饮用水。

从外面看不到潜水艇内部，但是在潜水艇里面，船员可以用潜望镜观察水面上的世界。

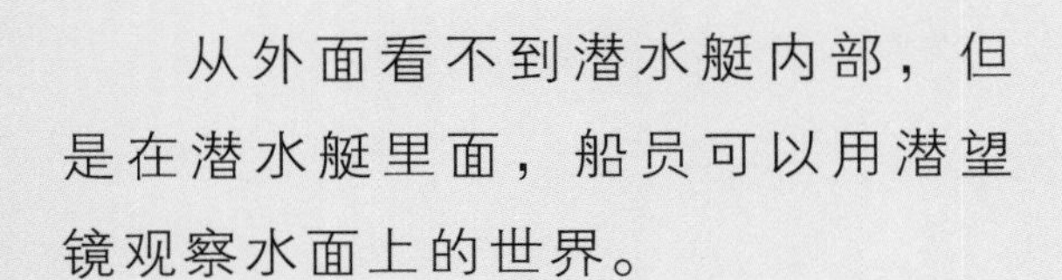

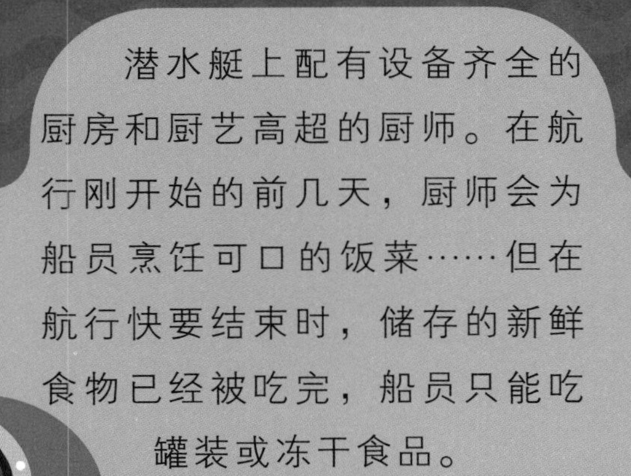

潜水艇上配有设备齐全的厨房和厨艺高超的厨师。在航行刚开始的前几天，厨师会为船员烹饪可口的饭菜……但在航行快要结束时，储存的新鲜食物已经被吃完，船员只能吃罐装或冻干食品。

潜水艇通过声呐定位，船员可以通过声呐发现途中的障碍。

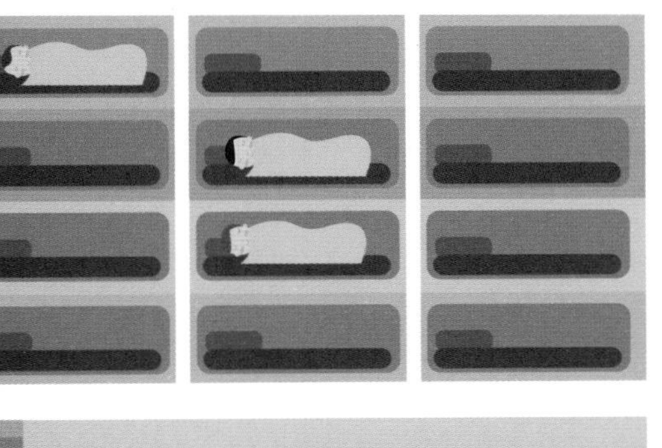

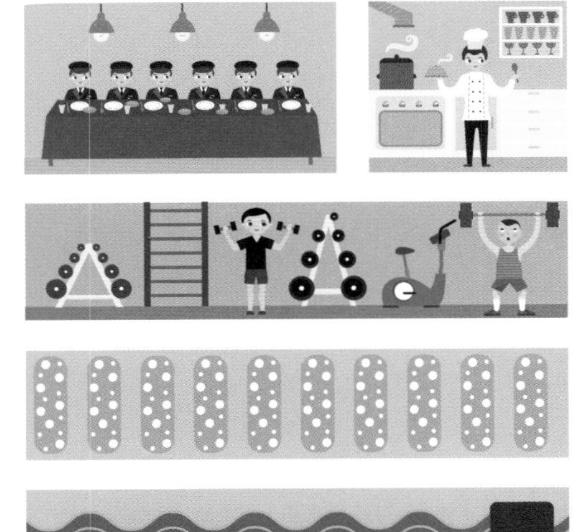

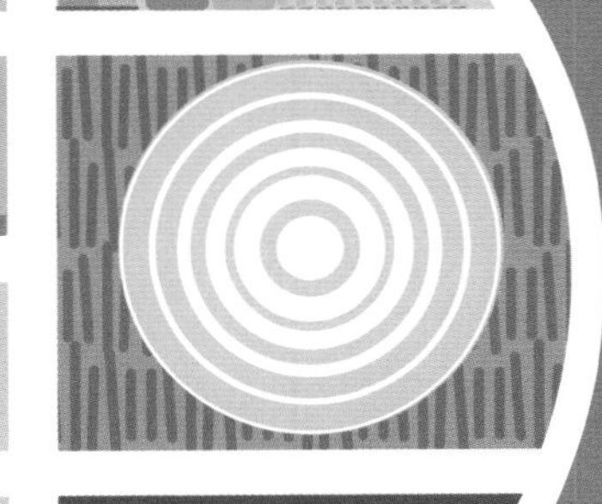

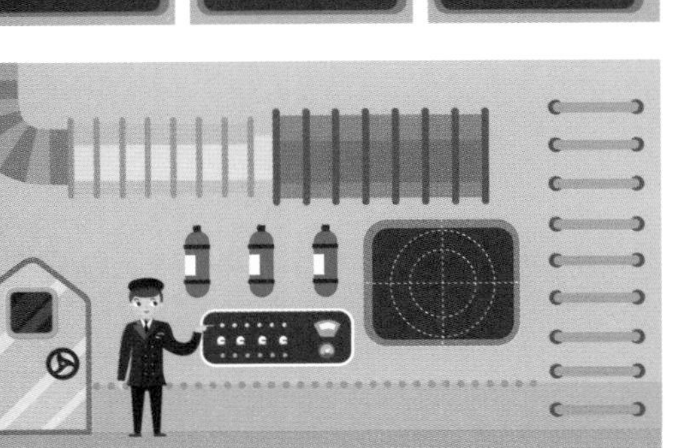

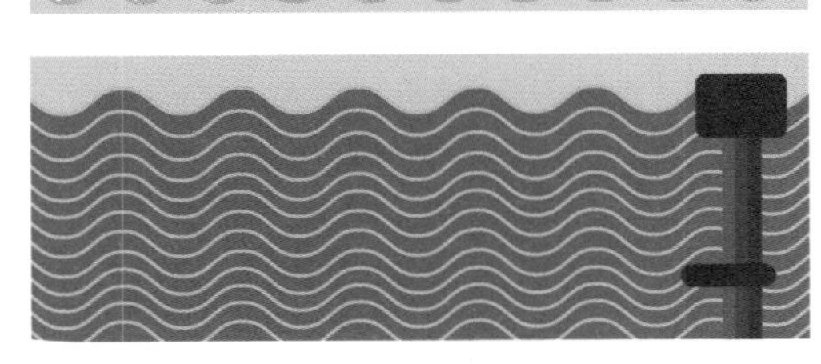

房车

一些人生活在房车里，房车是一种像汽车一样行驶的小型机动房屋。一些旅行者经常会决定在房车里住一整年，他们喜欢频繁出行，度假时会长时间使用房车。在房车里生活，要尽量减少随身携带的衣服、书籍、游戏机等物品。

房车里有存储水，即便不连接外面的水管，旅行者也可以用存储的水洗澡。

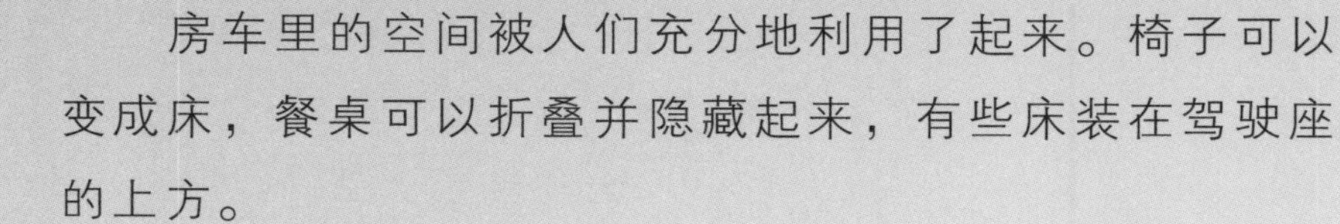

房车里的空间被人们充分地利用了起来。椅子可以变成床，餐桌可以折叠并隐藏起来，有些床装在驾驶座的上方。

许多房车里装有空调和暖气，适合旅行者每一个季节使用。

日本民居

日本民居是传统的日本建筑，曾经是农村手艺人、农民和商人居住的地方。日本民居由木头、稻草和竹子搭建而成。日本民居尖尖的屋顶可以让雨水和雪水更快流走，它们的形状就像两只手并在一起做祈祷。日本民居里面的房间由可推拉的墙分隔开，地板上铺有榻榻米：榻榻米由木板和茅草做成。

一些日本民居的墙由米纸和木头制成，可以通过推动两个小房间的墙来扩大整个空间。

传统的日本床是一种柔软的垫子，可以直接铺在地上。
客厅里有炉灶，叫作地炉，它搭建在地板里，人们围坐在地炉旁做饭、喝茶。
西
西

柬埔寨湖上小屋

在柬埔寨的洞里萨湖上，村庄的小屋像浮在湖上的吊脚楼。事实上，这里的水深根据季节发生变化。雨季时，水深可达15米。这时的小屋看似漂浮在湖面上，实际是由水下的木桩支撑着。甚至连学校也漂浮在湖面上。这里的人们习惯了水上的生活，当湖水水位下降时，人们得爬上非常高的梯子才能进入小屋。

洞里萨湖上的居民建造了船只，他们既可以在船上捕鱼，也可以在船上售卖水果等商品。

洞里萨湖是鸟类爱好者的天堂，在这里你能够看到很多不同种类的鸟。

人们还在洞里萨湖里养殖虾……还有鳄鱼。

意大利特鲁洛石屋

特鲁洛石屋位于意大利南部普利亚大区的乡下。圆锥形的特鲁洛石屋是用干燥的石头搭建而成的，不使用水泥。特鲁洛石屋最初是存放农具的仓库，也是难民的临时住所，后来才被用作长期住宅。难民就地收集石头建成了特鲁洛石屋。在巴里附近的阿尔贝罗贝洛小镇，还有数百座特鲁洛石屋。

在特鲁洛石屋的地基处有一个蓄水池，它不仅可以用来储存水，还能在夏天使空气变得凉爽。

特鲁洛石屋最初只有一个房间，之后才被分隔出更多的房间。

特鲁洛石屋的墙很厚，窗很小，因此屋里冬暖夏凉。

树屋

嘘，别出声，你可能会打扰到小松鼠。离地面数米高的地方，你会发现一座隐藏在枝叶之间的树屋。你得爬上梯子，穿过枝叶，才能进入树屋，同时还要小心不要滑倒。每当夜幕降临时，在这森林中隐秘的角落，树上挂着的灯会亮起来，人们借着灯光在睡觉前读一会儿故事。

树屋既可以是一个游戏场所，也可以是一个观察点，在这里能够发现各种鸟类和其他动物。

树屋通常是用木头搭建而成的：木头是一种结实耐用、经济实惠的材料。

一些旅馆会给客人提供树屋里的房间。

非洲圆形茅草屋

非洲圆形茅草屋是非洲不同国家典型的茅草屋。非洲圆形茅草屋就地取材，由自然材料搭建而成。墙壁通常由石头垒成，而屋顶是用茅草搭成的。人们会用一种由植物编成的绳将茅草绑在一起。这种类型的房子还有很多其他形式。一些非常贫穷的人会把黏土和牲畜粪便混合在一起，用来抹灰。

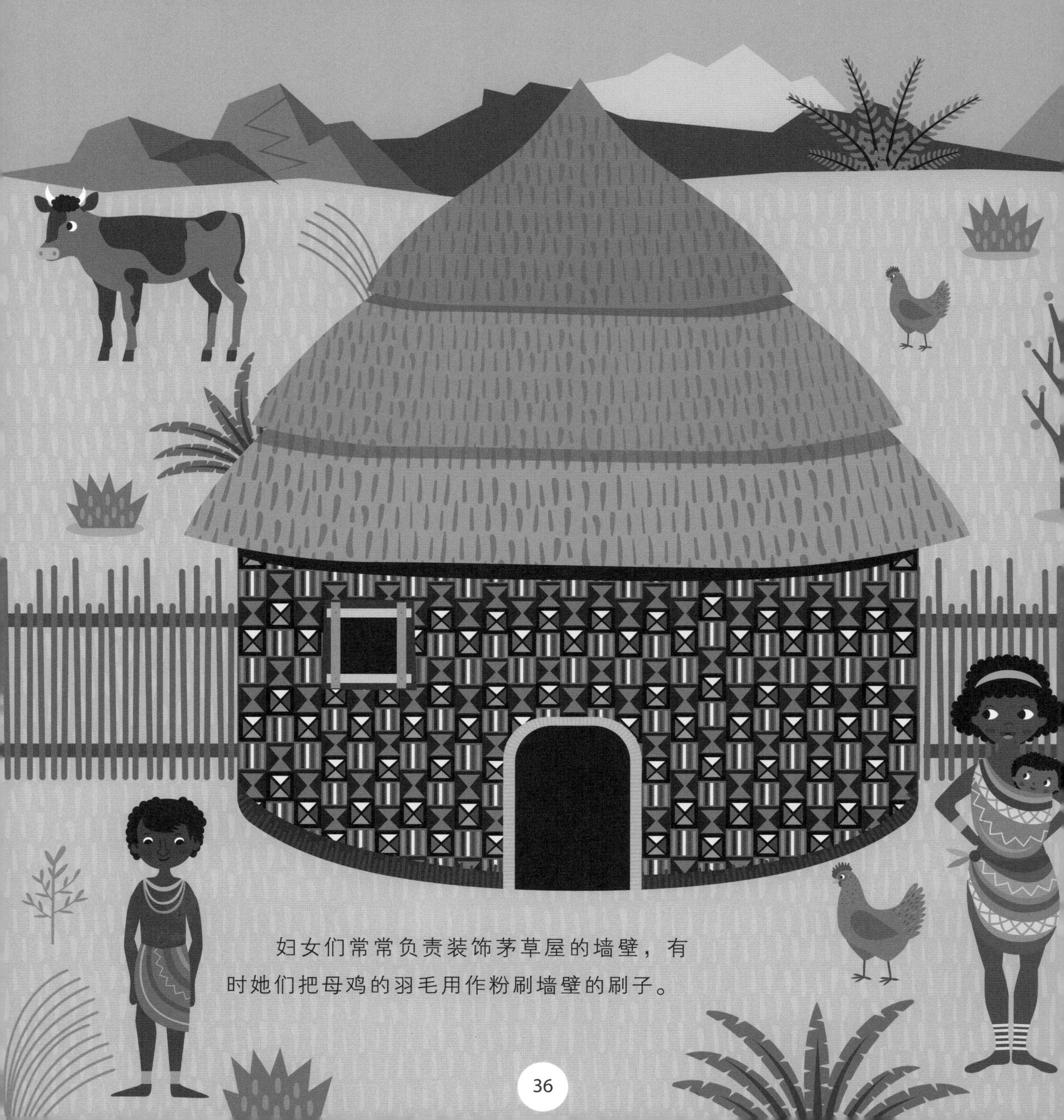

妇女们常常负责装饰茅草屋的墙壁，有时她们把母鸡的羽毛用作粉刷墙壁的刷子。

非洲圆形茅草屋的屋顶上铺了一层很厚的茅草，茅草绑在一种木制结构上。

圆形茅草屋里的地面上铺着草席，人们在草席上睡觉。这种草席是编织而成的小垫子，可以阻挡地下的湿气。

维多利亚式房屋

19世纪下半叶，维多利亚式房屋在英国流行起来。维多利亚式房屋的样式不尽相同，但它们都有3层。维多利亚式房屋建在基座上，这种基座可以防潮和御寒。屋子里的很多陈设都是木制的，屋内装修得美轮美奂，给游客一种富丽堂皇的感觉。维多利亚式房屋里不仅住着房子的主人，还有很多佣人，比如厨师、女仆、管家……

维多利亚式房屋的外观是不对称的：房屋的一部分——一座塔楼会特别显眼。

维多利亚式房屋的前面或后面，会有一个精致的小花园。

入口处的大楼梯通向楼上的休息区。屋子里面满是带有东方花纹的壁纸，这种风格的壁纸在那个时代被当作一种时尚。

城堡

在中世纪，城堡是封建领主及其朝臣的家。城堡最重要的作用就是保卫住在里面的人：吊桥会被笨重的链条升起，从而将城堡和外界隔绝开来。筑有齿墙的城墙将城堡整个围了起来。在城墙上，士兵既可以抵御敌人，也可以在进攻时，从齿墙处投掷箭、大石头和滚烫的沥青以击退敌人。

建在平原上的城堡和建在山上的城堡样式有些不一样：山上的城堡居高临下，而平原上的城堡通常会被护城河围起来。

城堡周围的村子里住着的农民又被称为佃户。佃户们会向城堡的封建领主支付租金，一旦有危险他们就躲到城墙内避难。

城堡的底下是秘密地牢，囚犯被关在那里，有时他们会遭受酷刑。

城堡的主塔楼是最后一个需要守卫的堡垒，当被敌人包围时，城堡里的人会在这里藏身。

为了阻碍侵略者，楼梯按照顺时针方向盘旋而上。

在攻破了第一层筑有齿墙的城墙后，侵略者通常会发现还有第二层城墙。

突尼斯洞穴房屋

突尼斯南部的沙漠中有一个叫马特马他的地方，这里的柏柏尔人为了躲避酷暑，几个世纪以来都住在土丘上挖出来的洞穴房屋里。不同于其他的地下房屋，马特马他的房屋不是在山洞里开凿的，而是先在地上挖一个坑，然后围绕坑进行挖掘。这个坑相当于内部庭院，从这个坑可以通往周围的房间。一些房间比较高，需要爬上在峭壁间凿出的阶梯才能进入。

马特马他很有名气，因为著名电影《星球大战》的一些镜头就是在这里拍摄的。

一些内部庭院由地下通道连接。

近来，很多人都搬往了城市，有一些洞穴房屋无人居住，有倒塌的风险。

荷兰船屋

在荷兰阿姆斯特丹的运河上有几百座船屋。最早的船屋是由船改造的。英荷战争后，很多荷兰人涌向城市寻找工作，他们可以在这些改造过的船屋上住宿。这些船屋看上去像船只，但是船上还有卧室、厨房，有的甚至还有菜园和壁炉！后来建造的船屋更加现代化，基座也不再有船的形状。

船屋里面配有各种设施：电、暖气和自来水一应俱全。这些船屋通常装修得富丽堂皇，有多层楼，甚至还有阳台和花园。

船屋会停泊在一个特定的位置上：有一些停靠点非常有名气，要想把船屋停泊在那里是要花很多钱的！

迷你小屋

迷你小屋是遍布世界各地的小房子。这种房子适合那些崇尚实用主义的人：房子里有一些生活必需品，但住在迷你小屋里可以鼓励人们精简生活！迷你小屋可以在很短的时间内搭建和拆卸，一些迷你小屋只有9平方米！有些迷你小屋配有轮子，方便搬运。还有一些迷你小屋由可回收材料搭建而成，比如旧公交车或集装箱。小孩子们会在公园和花园里的众多迷你小屋中玩耍。

一些迷你小屋是用废旧广告板搭建的。

相比于那些“正常的”房屋，迷你小屋更加经济实惠。

迷你小屋因其节能的特点受到生态学家的赞赏。

版权登记号　图字：19-2022-160 号

HOME SWEET HOME
©Dalcò Edizioni Srl
Via Mazzini n. 6 - 43121 Parma
www.dalcoedizioni.it – rights@dalcoedizioni.it
All rights reserved

图书在版编目（CIP）数据

我们的家 /（意）阿涅塞・巴鲁齐著、绘；惠伊宁译. -- 深圳：深圳出版社，2023.3
（神奇的家大探秘）
ISBN 978-7-5507-3618-4

Ⅰ. ①我… Ⅱ. ①阿… ②惠… Ⅲ. ①居住建筑－儿童读物 Ⅳ. ① TU241-49

中国版本图书馆 CIP 数据核字 (2022) 第 212341 号

我们的家

WOMEN DE JIA

出 品 人　聂雄前
责任编辑　李新艳
责任技编　陈洁霞
责任校对　万妮霞
装帧设计　心呈文化

出版发行　深圳出版社
地　　址　深圳市彩田南路海天综合大厦（518033）
网　　址　www.htph.com.cn
订购电话　0755-83460239（邮购、团购）
设计制作　深圳市心呈文化设计有限公司
印　　刷　中华商务联合印刷（广东）有限公司
开　　本　889mm × 1194mm　1/16
印　　张　3.5
字　　数　80 千字
版　　次　2023 年 3 月第 1 版
印　　次　2023 年 3 月第 1 次
定　　价　59.80 元

版权所有，侵权必究。凡有印装质量问题，我社负责调换。
法律顾问：苑景会律师 502039234@qq.com